天尝地酒

葡萄酒的前世今生

李佳

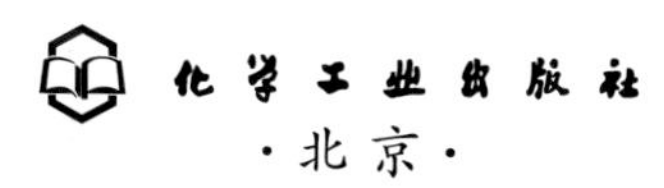

化学工业出版社

·北京·

本书通过对葡萄酒起源、历史及世界知名酒庄的讲述，让您对葡萄酒的发展有充分的了解，阅读酒标背后的故事，谈古论今。一款葡萄酒放在我们面前，是需要许多人共同努力才能完成的。书中介绍的世界各国的酿酒人，不仅仅执着延续高超的酿造水准，也在用发展的眼光、保护环境的眼光与时代俱进。一杯酒，一段情，狂饮与独酌，收藏与鉴赏，分享与合作。葡萄酒是一条无形的纽带，将我们紧密地联系在一起。希望每个人从书中都能找到属于自己的那份喜悦！

图书在版编目（CIP）数据

天尝地酒：葡萄酒的前世今生/李佳编著. —北京：化学工业出版社，2019.6
ISBN 978-7-122-34053-5

Ⅰ.①天… Ⅱ.①李… Ⅲ.①葡萄酒-基本知识
Ⅳ.①TS262.6

中国版本图书馆CIP数据核字（2019）第044750号

责任编辑：迟 蕾 李植峰 张春娥　　装帧设计：史利平 姚 烨
责任校对：宋 玮

出版发行：化学工业出版社（北京市东城区青年湖南街13号 邮政编码100011）
印 装：北京华联印刷有限公司
710mm×1000mm 1/16 印张9 字数76千字
2019年5月北京第1版第1次印刷

购书咨询：010-64518888　　售后服务：010-64518899
网 址：http://www.cip.com.cn
凡购买本书，如有缺损质量问题，本社销售中心负责调换。

定 价：68.00元

自序

高考结束的那天，同学们聚在一起。不记得是谁带了一瓶通化产的葡萄酒。那是我第一次尝葡萄酒，味道是甜甜的，估计没有什么酒精度数。即将分别，那一瓶酒我们喝了好久好久，有泪水，有欢笑。

葡萄酒，你就这样进入了我的世界，我惊叹于一种饮品能抚慰所有人的不同情绪，并给人的生活带来一样却又不一样的共宁。因此，我一直这样理解你——一种有情绪的饮品。

从此，在我人生旅行中，你成为了我的生活伴侣和工作伙伴，也成为了我东奔西走中遇到许多不一样的人和事从而表现出来的不同的心情和表情符号的代言人。无论我开心、伤感，抑或徘徊而难以前行时的焦虑，你最终都会在我口里氤氲成高中时那一秒的共宁。

实习的工作是辛苦的，第一份工作在国际酒店，那里有各种各样的你，红色的、白色的、粉色的、起泡的……我不曾了解你，只能简单地通过颜色和瓶子来区分。记得那个深夜，客人迟迟不离开，作为服务生的我们只能站立等待。那一天我已经站了

10个小时，所有不好的情绪马上就会让我崩溃。这时客人准备离开，她是一位打扮精致的法国老太太。临走的时候，她为了表示对我们的感谢，特意留下了没喝完的半瓶酒送给我，并说酒已经醒到最好的状态，让我试试。我抱着一颗好奇心，为什么一位老太太深夜还在为你而感慨，还愿意与陌生人分享你、赞扬你？那一杯，算是我人生最严肃地第一次品尝你吧，站立10个小时后的疲劳一扫而光，先是顺滑，然后甘甜，接着浓烈，最后在口腔停留3分钟的芳香，让我多年之后回想，依然觉得美好就在我的身边。

你就这样改变了一个年轻的女孩。为了你，我放弃了稳定的工作，开始进入你的世界。漫漫的求学之路让我印象深刻，我变得更了解你，你是赤霞珠、梅洛、黑皮诺、霞多丽、西拉、雷司令和马尔贝克……在这个世界上，你与最古老的物种同在，在法国南部的一片世界遗产田地里还珍存着200年之前的你。

我把对你的感情整理成了文字，愿更多的人能够懂你。有你相伴的日子很美好！

——李佳

目录

CONTENTS

第一章
与“她”在这个世界相遇

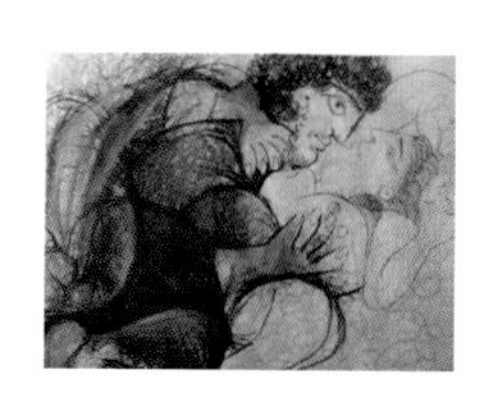

第二章

名庄巡礼，梦里寻“她”

第三章

遍访世界酒庄，因“她”激励前行

第四章
探索“她”真身之谜

致谢

第一章
Chapter 01

与“她”在这个世界相遇

一个人时，
我们小酌一杯，
希望葡萄酒带给我们安慰；
两个人时，
我们举杯对饮，
感受葡萄酒带给我们的情缘；
一群人时，
我们对酒当歌，
享受人生的轰轰烈烈。
古时候，
将士们用葡萄酒缓解战斗中的饥渴，
擦拭、抚慰他们受伤的肢体，
赐予他们无敌的勇气。
葡萄酒和人类结下了不解的情缘，
但“她”究竟是怎么产生的？
又是怎样发展的？
在红尘中“她”又经历了什么，
才能在今天以完美的身姿出现在我们面前？

1.1 缘起今生

“你是谁？你从哪里来？又到哪里去？”这永远是世界三大难解的哲学之谜。那“她”到底是从哪里来又到哪里去呢？难道“她”只是我们生命中的过客？一点一滴从我们的唇边流逝，一丝一缕从我们的味蕾消失。

我们的祖先在一个偶然的机会与“她”相遇，并且对“她”一见钟情。我们沉迷于“她”红宝石般的肌肤，柔软却不失结构的身体，以及“她”带给人那种醉生梦死、欲罢不能的感觉。可是“她”与我们的祖先们邂逅以后却扑朔迷离。我们在“她”的影子里陶醉成迷，依着“她”留下的踪迹回味着“她”留给我们味蕾的感觉，终究敌不过这相思之苦，还是踏上了追寻“她”的道路。在这条追寻的路上，世界卫生组织说“她”是健康的；OIV（国际葡萄与葡萄酒组织）定义了“她”；我说，“‘她’是我们的乐，‘她’也是我们

的愁，‘她’是自然的宠儿，‘她’也是我们的苦苦追寻，我们乐也需要‘她’，苦也需要‘她’”。我们的祖先给“她”取名葡萄酒（wines）。

葡萄酒是新鲜葡萄发酵而成的酒精和水溶液，其中含有多种糖、酸、酯和多酚类物质。

当一串葡萄落地，果皮裂开，渗出的果汁与空气中的酵母接触后不久，“她”便“出生”了！人们沉迷于“她”，甚至想要再创造“她”。于是，人们模仿自然把成熟葡萄放在一起来酿造葡萄酒。关于“她”有很多美丽的传说。

王妃传说

从前有一个古波斯的国王，嗜爱吃葡萄。他将吃不完的葡萄藏在密封的罐子中，并写上“毒药”二字，以防他人偷吃。由于国王日理万机，很快便忘记了此事。国王身边有一位失宠的妃子，看到爱情日渐枯萎，感觉生不如死，便欲寻短见。她凑巧看到带有“毒药”二字的罐子，打开后，罐子里面是颜色古怪的液体，并且有一股奇怪的不怡人的味道，很像毒药。她便将这发酵的葡萄汁当毒药喝下。但后来她发现自己没有死，反而有种陶醉之感。她以为毒药量不够，便多次服用。多次“服毒”后，她反而容光焕发、面若桃花。国王再次见到她时惊为天人，问是为何，妃子如实相告，国王大为惊奇，一试之下果然如此，妃子再度受宠，找回了失去光泽的爱情，皆大欢喜。葡萄酒也因此产生并广泛流传，受到人们的喜爱。

自古，葡萄被人们视为神圣之物，是幸福和吉祥的象征。也缘此，葡萄就被赋予了彻骨的浪漫，注定离不开痴迷与救赎的轮回。

诗人说："神将葡萄赐予人类，人类则将葡萄酿制成酒，从此便有欢乐"。

其实，人们与葡萄酒的相遇也注定是离不开的痴迷和救赎的轮回，但又何尝不是一种彻骨的浪漫。

据考古资料，最早栽培葡萄的地区是高加索山脉南麓地区。大约在7000年以前，南高加索、中亚细亚、叙利亚、伊拉克等

地区也开始了葡萄的栽培。最早可以上溯到腓尼基人和古希腊人殖民地中海的时候，将葡萄的栽培技术和葡萄酒的酿造技术传到法国、西班牙、意大利等这些现在意义上的原产国。所以，多数历史学家认为，最早开始酿造葡萄酒的国家是波斯，也就是现在的伊朗。

1.2 携手前行

1.2.1 壁画上的古埃及酒文明

1.2.1.1 古埃及壁画

“她”是上帝的宠儿，是人们的魂牵梦绕之物。在埃及发现的大量珍贵文物（特别是浮雕）清楚地描绘了当时古埃及人栽培、采收葡萄和酿造葡萄酒的情景。最著名的是普塔-赫霍特普（Phtah-Hotep）遗址，距今已有6000年的历史。所以部分西方学者认为，埃及是葡萄酒业的开始之地。目前唯一可以肯定的是，埃及用图画的形式记录了采摘葡萄、酿造和品鉴葡萄酒的欢乐场面。

1.2.1.2 埃及酒神

埃及的奥西里斯（Osiris）曾是个伟大的法老，非常善于带领人们耕种葡萄和酿造葡萄酒。但他却遭到了弟弟的嫉恨，被关在棺材中扔进了尼罗河。奥西里斯的妻子找到了他的尸体并帮助他复活，却被奥西里斯的弟弟发现，又把他切成了14块扔在埃及的各个角落。奥西里斯的妻子又努力找回了其中的13块，但阳具那一块被鱼吃了……于是奥西里斯最终变成了掌管阴间的神，同时也是丰收之神和酒神，并时不时地主导着尼罗河水的泛滥……

1.2.2 古希腊我们一起畅饮吧

古代希腊作为一个文明古国，曾经在科技、数学、医学、哲学、文学、戏剧、雕塑、绘画、建筑等方面取得巨大的成就，成为欧洲文明发展的源头。文明先进的古希腊人怎么会不拜在“她”的石榴裙下呢？虽根据可以查到的资料，当时葡萄酒杯里装的几乎都是添加香草、蜂蜜的淡水甚至是海水的葡萄酒。这酒是什么滋味我们无从得知，但希腊人将边喝酒边谈天这种场合定义为“酒宴”（symposium）这个词是毋庸置疑的，这一点就足以证实葡萄酒对他们的重要性。也就是说，在古希腊的时候人们已经开始有边聊天边品酒的高品质社交生活了。

古希腊酒神狄奥尼索斯（Dionysus）

酒神出生的故事非常传奇。宙斯恋上了凡人之女塞默勒（Semele），致使她怀孕。宙斯的妻子赫拉发现了这个秘密，赫拉诱使塞默勒，让她央求宙斯显现真身。凡人是无法抵挡宙斯真身

手持的雷电的，于是宙斯显现真身时，塞默勒一下子就被烧死了，同时在火焰里诞下了狄奥尼索斯。宙斯不得不把早产的狄奥尼索斯先缝进自己的大腿，直到满月。长大后的狄奥尼索斯英勇果敢，引领人们耕种、酿酒，迎来丰收。

酒神狄奥尼索斯经常以多种面孔示人，时而是个五官冷峻的年轻人，时而是个慈祥的爷爷，时而是狂放不羁的大叔，时而又是个忧郁的男子。

1.2.3 葡萄酒历史——古罗马的战争史

古罗马通常指从公元前九世纪初在意大利半岛中部兴起的文

明，历罗马王政时代、罗马共和国，于一世纪前后扩张成为横跨欧洲、亚洲、非洲的庞大罗马帝国。人们常说葡萄酒的历史就是欧洲的战争史。帝国的侵略战争是葡萄酒业发展的第一个助推器。随着罗马帝国的扩张，钟情于葡萄酒的罗马士兵将葡萄酒带到了他们脚步所能到的任何一个角落。也许是因为葡萄酒提供了免于敌人投毒的正常水分供给，还抚慰并治愈了他们受伤的肢体，或者是给予了他们拿起刀来面对敌人的勇气，又或者是赋予了他们“醉卧沙场君莫笑，古来征战几人回”的情怀，也许还有其他的什么的原因，将士们是不会回答我们了，但也许“她”可以告诉我们。

古罗马将士们在征战和征服的过程中，把葡萄藤和葡萄酒酿造技术带到了欧洲许多国家。公元一世纪到四世纪葡萄酒就覆盖了现在法国大部分产区和德国等。原本钟情大麦啤酒和蜂蜜酒的高卢（即现在的法国）人很快地爱上葡萄酒并且成为杰出的葡萄酒农，璀璨的法国葡萄酒历史也由此开始。

罗马全盛时代之后，继承了希腊人葡萄酒遗产的罗马人也逐渐拥有了属于他们自己的新酒神，狄奥尼索斯的“转世”——酒神巴克斯（Bacchus，其实和狄奥尼索斯为同一人）。此时的葡萄酒渐渐进入了全盛时代，爱喝酒的罗马人逐渐淡化了酒神曾经令人恐惧的一面，更愿意展现葡萄酒美好快乐的一面。正因为如此，酒神巴克斯的形象总是愉快的、幸福的，身材也开始圆润起来，印证了罗马人“享乐与讴歌”的酒神观。

当然，希腊时期的大酒神节也被传承下来。由于巴克斯也是罗马人的“狂欢、放纵之神”，大酒神节要庆祝三天三夜，这期间人们停下一切工作，葡萄酒充满了大街小巷，所有的人都手舞足蹈，如痴如醉，整日里除了喝酒还是喝酒，显得既放纵，又美好。

1.2.4 葡萄酒的盛行

基督教和葡萄酒渊源深远。基督教信仰耶稣，耶稣在最后的晚餐中与门徒们分享的就是葡萄酒和面包。

对于教徒而言，上帝是精神，粮食是物质，酒则是沟通物质与精神的美好液体。“酒圣合一”，成为世界酒历史上划时代

的里程碑事件。从此，圣餐礼成为基督教最重要的基本仪式之一，葡萄酒也成为基督教一种神圣的精神象征，被称为“圣血”“宝血”。

从欧洲、北美洲、南美洲，到大洋洲、南部非洲乃至中国，葡萄酒随着基督教传播的足迹，在大半个地球落地生根，框定了当今世界葡萄酒生产、消费的基本大格局。

圣本笃（约480—544年）创立了本笃会。本笃会的人穿着黑色长袍，我们叫他们黑衣修士。这些修士对葡萄的种植做了详细的记录，并研究了许多种植葡萄的品种。本笃会拥有并经营着庞大的地产。这些地多半用来种植葡萄以供酿酒，所酿的酒除了供宗教活动用外，也对大众销售。由于本笃会组织庞大，其中不少专业人员投入葡萄的种植和酿造方面的研究，成为高效率的农业组织与技术革新的楷模，为现代葡萄酒科学研究奠定了基础。在法国仅次于波尔多产区的勃艮第，有世界上最为复杂的葡萄园，以红白葡萄酒而闻名。这里的许多葡萄园或村庄由本笃会的教士建立，拥有33座特级葡萄园、超过500座一级葡萄园。这里的村庄级葡萄酒如玻玛、梅尔居里及沃尔奈也世界闻名。此外，本笃会还创造性地开发出了寒冷地区冰葡萄酒工艺，是德国葡萄酒在世界享有盛名的基本原因。

S·PATER·BONFILIVS

1098年罗贝尔（Robert）于法国西多创立了“西多修道院”。西多会的人觉得只有劳动才能让灵魂得到升华，这群平均年龄只有28岁的白衣修士在葡萄园里辛勤地劳动。

到12世纪西多会已迅速发展为基督教势力最大的组织，拥有遍布欧洲各地的400多个修道院。西多会非常强调田间劳动，又戒律十分严格，实行禁欲主义，因此大量的修士把一生精力与智慧都献给了葡萄和葡萄酒。据说修道士们在废弃的葡萄园里砸石头，用舌头尝土壤的滋味，将不同味道的土壤用矮墙围起来，创立了最早的风土概念。他们通过不断试验改进栽培技术和酿造技术，在葡萄酒史上第一次发现了“土生定律”，即相同的土质可以培育出味道和款式一样的葡萄。许多修士通过口尝土壤就可以辨别土质的种类，这是非常了不得的境界！因此他们也培育出了欧洲最好的葡萄品种，葡萄栽培进入了新纪元。在葡萄酒的酿造技术上，西多会的修士是欧洲传统酿酒灵性的源泉。大约13世纪，随着西多会的兴旺，遍及欧洲各地的西多会修道院的葡萄酒赢得了越来越高的声誉。毫无疑问，他们把葡萄酒的酿造与品鉴水平推到了前无古人的高度。

1.2.5　香槟到底是谁发明的?

1668年，唐·培里侬修士受派为霍特维勒修道院的酒窖长。他不仅要照管酒窖，打理葡萄园，还兼负责葡萄酒的生产和销售。他对于研究酿酒技术也不遗余力。他发现葡萄酒在进行第二次发酵时，如果处在密闭的空间，因发酵而产生的二氧化碳会溶于酒中，葡萄酒会冒出细致的气泡，饮用时口味更佳。此后他又在软木塞封瓶、酒窖设计等方面进行了一系列技术改良，终于发明了世界庆功酒——香槟酒。今天，我们能够在世界各地的天空下打开香槟庆祝胜利，就得益于这位智慧而勤劳的基督教徒。

关于香槟的发明也有不同的说法。有人说是法国人，毕竟香槟是法国的代表性产品；也有人说是英国人，因为当时大家都追捧英国口味，是英国人发现这种气泡带给人愉悦的感觉。其实就像大家都知道的那样，当时的法国甚至整个欧洲都沉迷在酿酒中，他们以能酿出好酒为荣，现在的法国香槟区自然也不例外。但因为香槟区位于法国北部，气候偏冷，每年采摘下来的

葡萄进行发酵，酿酒师们认为已经发酵完成了的葡萄酒在翌年气温转暖的时候可以再次发酵，发生爆瓶现象。当时的香槟也被称为“魔鬼之酒”，因为在人没有预料的时候它就爆了，每年酒厂将近20%的葡萄酒因爆瓶而损失掉。这种酒出售到英国以后，它的气泡带给人的清爽和刺激感，反倒让英国人爱不释口。再后来就是唐·培里侬修士改进了香槟工艺。所以上述几种说法都可以理解。但我认为香槟是自然发明的，只是人类发现了“她”而已，唐·培里侬修士为“她”的发展做出了重要贡献。

PERRIER-JOUËT
DEPUIS
PJ
1811
CHAMPAGNE
BRUT
MAISON FONDÉE EN 1811
PERRIER-JOUËT
BELLE EPOQUE
-2007-

1.3 为“她”立法迎战

1.3.1 查理曼大帝的立法

随着罗马帝国的陨落，远离黑暗的时代之后，欧洲中世纪进入了比较明亮的部分。查理曼大帝从教皇手中接过王冠的时候，立誓要大力整顿葡萄酒产业以提高葡萄酒的质量，其中主要内容包括在酿造过程中不能再用脚踩踏葡萄和不能用皮革等装葡萄酒。在中世纪的世界中，很少有东西像葡萄酒这样被严格管理着。葡萄酒和羊毛是中世纪北部欧洲的两大奢侈品，也因此在这个时期留下了有关葡萄酒贸易的最早文字记录，那就是法国与英国之间用葡萄酒换羊毛的一个贸易协定。

1.3.2 大航海时代的到来

大航海时代，葡萄酒作为必需品也是要备在船上的。茫茫大海，物质总会有耗尽的时候，补给葡萄酒就是一个问题。最早荷兰人将葡萄树带到了南非，在那里种植葡萄，酿造葡萄酒，以方便来往的船队补给。中世纪宗教迫害年代，一批传教士逃到南非，将先进的葡萄酒技术带到了那里，南非的葡萄酒行业得到了发展。随着新大陆的发现，英国人将葡萄园开辟到了澳大利亚、新西兰，法国人、意大利人、西班牙人、葡萄牙人，将葡萄酒带到了美国、智利、阿根廷等国。后来，人们笼统地将大航海时代以后开辟的国家叫葡萄酒的新世界。相对应，大航海时代之前的葡萄酒原产国被称为旧世界。

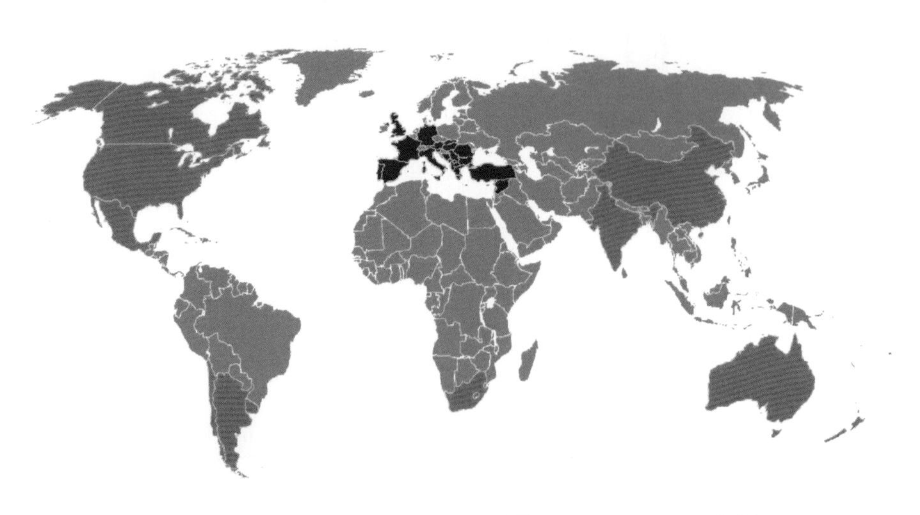

■ 旧世界葡萄酒产地　　■ 新世界葡萄酒产地

1.3.3 十字军东征

教会曾是黑暗时期技术文明的宝库。这时的教会以全新的方式延续着罗马帝国的统治。修道院在山坡上整地，在葡萄插条的四周用石墙围绕起来。一些过世的葡萄酒农和参与十字军东征的人的葡萄园也归属于修道院。于是教会成为葡萄园的最大拥有者，人们也通过葡萄酒来认同教会。葡萄酒不再只是基督之血，而是这个世界的奢华享乐之物，是值得拥有和享用的精神食粮。

当时最大的葡萄酒生产商是“上帝的仆人”——本笃会，他们拥有甚至可以说他们开创了遍布法国的香槟区、波尔多、勃艮第，德国的弗兰肯和莱茵河沿岸等众多优质顶级葡萄酒产区。因为宗教矛盾发起的长达两个世纪的为争夺圣城耶路撒冷的十字军东征更是把葡萄酒产业又推上了一个顶峰。虽说每一次战争里都没有真正的赢家，但不可否认每一次战争因为文化或者习俗的碰撞总会发出耀眼的火花。在十字军东征过程中，大桶大桶的葡萄酒被运往前线，将士们用“她”缓解战斗中的饥渴，用“她”擦拭、抚慰他们受伤的肢体，用“她”祈求上帝的保佑和赐予他们无敌的勇气。修士们出于对宗教的信仰和虔诚，希望酿出好酒表达对上帝的尊敬，进贡主教会。

1.4 奈何，情深缘浅

1.4.1 世界其他饮品的冲击

一直到17世纪初，葡萄酒还是唯一合乎卫生且可以保存的饮料，在饮料界拥有独一无二的地位，可以说那时葡萄酒没有其他争宠者。首先，当时城市的水不能安全饮用，要是您看过纪录片《肮脏的城市》或者《人类：我们的故事》，这一点就毋庸置疑了。其次，当时啤酒因为没有添加酒花所以不能长久存放。当时在北欧也还没有像烈酒和咖啡等我们现在生活中的一些饮品。所以，当时欧洲人喝掉的葡萄酒数量大到让人瞠目结舌。

> 那是一种刺激性极强的酒，你还来不及嚷一声“什么”，她就早已流到你的血管里了。
>
> ——莎士比亚

所有的这些到17世纪都变了，大城市也开始以水管输进自罗马时期就一直欠缺的干净饮水，啤酒花让麦芽酒变成稳定的啤酒，荷兰人发展了蒸馏酒的技术和贸易，阿拉伯的咖啡和中国的茶先后被引入欧洲，葡萄酒产业因此大受威胁。

瓶装葡萄酒的出现，对于对抗其他饮品的冲击功不可没。我们今日视为经典的大部分葡萄酒都是在17世纪后半叶发展起来的，这并不是巧合。17世纪初玻璃制造技术有了一些改变，玻璃瓶变得坚固，成本也比较低廉。某些爱动脑筋的人才将玻璃瓶、软木塞和开瓶器凑在一起，从此葡萄酒就被保存在软木塞封紧的玻璃瓶内，而且比被放在橡木桶中可保存得更久。

1.4.2 葡萄酒业的灰色世界——根瘤蚜

19世纪，在没有检验检疫的时代，在各大洲文明交流中，美国的葡萄树携带的根瘤蚜虫病无意中随着殖民者的舰船回到了欧洲，欧洲葡萄树毫无抵抗力，迅速爆发的根瘤蚜灾难几乎将整个欧洲的葡萄种植业摧毁。

1875 ~ 1879年，经过无数次的尝试，人们终于奇迹般地找到了抵制根瘤蚜的方法——嫁接，根瘤蚜也因此得到了抑制。

远在大洋彼岸的美洲，虽然没有受到根瘤蚜的打击，葡萄酒业发展却也没能够一帆风顺。1920年，美国颁布了禁酒令，直到1933年才正式废除。在这漫长的十三年里，美国的葡萄酒业严重受创，之前由欧洲移民带来的宝贵的葡萄酒文化也因此失去。而且，由于禁酒令时期正好赶上美国的经济大萧条，无数的酒庄被废弃，葡萄酒业进入了历史上最艰难的一个时期。

WE
WANT
BEER
WE
WANT
BEER
WE
WANT
BEER
WE
WANT
BEER

1.5 终于，执子之手

1.5.1 现代葡萄酒

1877年，著名的微生物学家巴斯德发表论文，第一次表明了酒类的形成是微生物作用的结果。基于这一理论，葡萄酒业进入了科学时代，人们开始通过人工选育酵母、控制发酵温度、控制苹果酸-乳酸发酵、加入二氧化硫、装瓶前过滤及加热杀菌等技术来控制微生物的活动。葡萄酒业得益于巴斯德的研究，正式进入了黄金发展时代。

现代葡萄酒世界开始于20世纪60年代，欧洲各国从第二次世界大战中恢复过来，美国摆脱了禁酒令，美国和澳大利亚的一些雄心勃勃的酒厂开始满足了全新族群对葡萄酒的需求。

1.5.2 酒圈大事记

1.5.2.1 酒圈大事记——1855年酒庄分级

欧洲葡萄酒业逐渐迎来了自己的春天。1855年著名的波尔多列级庄分级制度形成，我们熟知的玛歌酒庄（Chateau Margaux）、拉菲酒庄（Chateau Lafite）、拉图酒庄（Chateau Latour）、红颜容酒庄（Chateau Haut-Brion）和木桐酒庄（Chateau Mouton Rothschild）五大名庄正是出自这个体系。

1.5.2.2 酒圈大事记——巴黎审判

现代酒界必须提到一件事，就是史称“巴黎审判”（The Judgement of Paris）或者“巴黎盲品”的酒界里程碑事件。1976年，传奇人物斯伯瑞尔（Steven Spurrier）在巴黎举办了一场盲品会。

其实举办品鉴会的想法最初并不是由斯伯瑞尔提出来的，他的商业伙伴帕特丽夏·加拉赫（Patricia Gallagher）才是真正的幕后推手。加拉赫是美国人，在此之前她了解到加利福尼亚州已

经具备酿造高品质葡萄酒的实力。因此，她提议举办一场加利福尼亚州酒与法国酒的品鉴会，以此纪念美国独立战争，同时也能借美法同仇敌忾的历史情谊来提升人们对美国葡萄酒的认知。

尽管斯伯瑞尔和加拉赫在盲品（Blind Tasting）现场都品尝了当日的酒款，但二人的分数并不计入最后的评比结果。二人总共请来了9位评审人，这9位评审人基本上都是法国葡萄酒行业的大人物，包括法国原产地命名管理局（INAO）首席监察官皮埃尔·布瑞久克斯（Pierre Brejoux）、罗曼尼·康帝酒庄（Domaine de la Romanee-Conti）的合伙人兼首席酿酒师奥伯特·德·维兰（Aubert de Villaine）及法国著名餐厅金钱塔（La Tour d’Argent）的首席酿酒师克里斯蒂安·瓦尼克（Christian Vanneque）等。除了9位评审人以外，当时只有一位记者在场，这位记者来自《时代》（TIME）杂志，名为乔治·泰伯（George Taber）。乔治将品鉴会现场发生的细节一一记录，后续还为此事发表过文章。

参赛酒款

法国

白：勃艮第（Burgundy）葡萄酒

1. 1973年份芙萝酒庄香牡（默尔索一级园）白葡萄酒（1973 Domaine Roulot Charmes，Meursault Premier Cru，France）

2. 1973年份约瑟夫杜鲁安酒庄慕斯园（伯恩村）白葡萄酒（1973 Joseph Drouhin Clos des Mouches，Beaune，France）

3. 1973年份拉蒙奈特-普鲁桐酒庄（巴塔-蒙哈榭园）白葡萄酒（1973 Ramonet-Prudhon Batard-Montrachet，Cote de Beaune，France）

4. 1972年份勒弗莱酒庄布塞勒（普里尼-蒙哈榭村）白葡萄酒（1972 Domaine Leflaive Les Pucelles，Puligny-Montrachet，

France）

红：波尔多（Bordeaux）葡萄酒

1. 1970年份玫瑰山庄园红葡萄酒（1970 Chateau Montrose，Saint-Estephe，France）

2. 1970年份红颜容庄园红葡萄酒（1970 Chateau Haut-Brion，Pessac-Leognan，France）

3. 1971年份雄狮酒庄红葡萄酒（1971 Chateau Leoville-Las Cases，Saint-Julien，France）

4. 1970年份木桐酒庄红葡萄酒（1970 Chateau Mouton Rothschild，Pauillac，France）

加利福尼亚州

白：霞多丽（Chardonnay）葡萄酒

1. 1973年份蒙特莱那酒庄霞多丽白葡萄酒（1973 Chateau Montelena Chardonnay，California，USA）

2. 1974年份查龙酒庄霞多丽白葡萄酒（1974 Chalone Vineyard Chardonnay，California，USA）

3. 1973年份春山酒庄霞多丽白葡萄酒（1973 Spring Mountain Vineyard Chardonnay，California，USA）

4. 1972年份菲玛修道院酒庄霞多丽白葡萄酒（1972

Freemark Abbey Winery Chardonnay，California，USA）

5. 1972年份维德克莱斯特庄园霞多丽白葡萄酒（1972 Veedercrest Vineyards Chardonnay，California，USA）

6. 1973年份戴维·布鲁斯酒庄霞多丽白葡萄酒（1973 David Bruce Winery Chardonnay，California，USA）

红：赤霞珠（Cabernet Sauvignon）葡萄酒

1. 1973年份鹿跃酒庄赤霞珠红葡萄酒（1973 Stag's Leap Wine Cellars Cabernet Sauvignon，California，USA）

2. 1971年份山脊酒庄蒙特贝罗赤霞珠红葡萄酒（1971 Ridge Vineyards Monte Bello Cabernet Sauvignon，California，USA）

3. 1970年份赫兹酒窖玛莎园赤霞珠红葡萄酒（1970 Heitz Wine Cellars Martha's Vineyard Cabernet Sauvignon，California，USA）

4. 1972年份克罗杜维尔酒庄赤霞珠红葡萄酒（1972 Clos Du Val Winery Cabernet Sauvignon，California，USA）

5. 1971年份梅亚卡马斯酒庄赤霞珠红葡萄酒（1971 Mayacamas Vineyards Cabernet Sauvignon，California，USA）

6. 1969年份菲玛修道院酒庄赤霞珠红葡萄酒（1969 Freemark Abbey Winery Cabernet Sauvignon，California，USA）

品鉴会上的四款勃艮第葡萄酒中有三款都来自于一级园（Premier Cru），剩下的那一款则来自特级园（Grand Cru）。在挑选波尔多的葡萄酒时，斯伯瑞尔打算以赤霞珠为主导的混酿葡萄酒对战加利福尼亚州仅采用赤霞珠酿造的单一品种葡萄酒。除此之外，有两款酒来自于一级庄（Premier Chateau）——木桐酒庄（Chateau Mouton Rothschild）和红颜容庄园（Chateau Haut-Brion）。

先且不管这些酒庄的等级如何，有一个我们必须要知道的事实是，品鉴会上所有法国酒的酒庄都已有几个世纪的历史，有一些甚至是家族酒庄，世代传承。相比之下，入选的加利福尼亚州品种就比较年轻了。这些加利福尼亚州品种皆来自于20世纪60年代或是70年代初刚刚建立或是重新开办的酒庄。

从另一个角度看，这些“小作坊”虽说规模不大，但却精益求精，追求高品质，与那些大批量生产、粗制滥造的酒厂完全不一样。虽说没有历史底蕴和积淀，但这些新兴酒庄的酿酒师仍旧孜孜不倦地探索、尝试，直到找寻到最适合酒庄葡萄园的葡萄品种和相应的酿造方式。

盲品结果

盲品的结果震惊了在场的所有参与者，可能在场的所有人都没能预料到加利福尼亚州酒可以打败法国酒，更别说红、白葡萄酒能够全部取胜。

白葡萄酒的赛况：排名前四的酒款中有三款都来自加利福尼亚州而非法国，蒙特莱那酒庄（Chateau Montelena）的白葡萄酒以总分132分轻松夺冠，比第二名来自法国默尔索（Meursault）香牡园（Charmes）的白葡萄酒高出了近6分，这款法国葡萄酒的得分为126.5分。

在红葡萄酒的品评中，虽然分数差距没有白葡萄酒那么大，但这并不能改变加利福尼亚州酒再次获胜的事实，更何况，它们打败的是波尔多的顶级酒。当天，荣膺桂冠的红葡萄酒是加利福尼亚州鹿跃酒庄（Stag’s Leap Wine Cellars）的赤霞珠红葡萄酒。

巴黎审判毫不留情地改变了人们关于葡萄酒固有观念中的一切。就是在那么短暂的时间内，加利福尼亚州酒带着世人对它的鄙夷与不认可，彻底击败了品鉴会上最好的法国酒。

这场小小的品鉴会，改变了新世界酒庄对自己的认知。世界上好的葡萄酒不一定要产自法国，一些新世界国家也可以很好地满足世界葡萄酒消费者的需求。同时，这也预示着未来全球葡萄酒市场发展的新走向，从此打开了新旧世界分庭抗礼的新版图。

所谓葡萄酒的新世界也就是前文提到的在大航海时代新开辟的葡萄酒产区，而旧世界指的是在集中在欧洲的有上千年历史的葡萄酒产区。总的来说，新旧世界的葡萄酒产区都有着自己的特点。

1. 规模：旧世界公司以传统经营模式为主，相对规模较小；新世界公司酿造规模和葡萄种植的规模都比较大。

2. 工艺：旧世界比较注重传统酿造工艺；新世界相对更注重科技与管理。

3. 口味：旧世界以优雅为主，较为注重多种葡萄的混合与平衡；新世界以果香型及突出单一葡萄品种风味为主，风格开放。

4. 葡萄品种：旧世界一般采用世代相传的葡萄品种，不轻易

改变；新世界葡萄品种的选择相对较自由。

5.包装和酒标：旧世界注重标识产地，包装风格也较典雅、传统；新世界注重标识葡萄品种，酒标很多都比较鲜明和活跃。

6.法律上的管理制度：旧世界各个葡萄酒产酒国都有严格的法定分级制度；新世界一般没有法定分级制度，部分国家有简单的约定俗成的分级标识方式，一般著名的酒质产区名称就是品质的标志。

很长一段时间以来，人们把葡萄酒王国分为“旧世界”和“新世界”这两大领域。然而，我们真的应该继续将欧洲以外的葡萄酒生产国称为“新世界”吗？到底是谁创造了“新世界”这个词语？人们普遍认为，20世纪70年代末，英国葡萄酒作家休·约翰逊（Hugh Johnson）首先使用“新世界”这个词语，是他第一次把欧洲之外的葡萄酒生产国称为“新世界”的。当时欧洲葡萄酒产业非常繁荣，葡萄酒生产商都把自己看作是整个葡萄酒世界的继承者，因此在葡萄酒法律上也显得有些“肆意妄为”。

另外，在欧洲之外的一些葡萄酒生产国，葡萄酒生产商们想借助欧洲的知名葡萄酒风格推广自己的葡萄酒，于是会引入一些欧洲的葡萄酒词汇，如“Chablis”（夏布利）、“Sancerre”（桑塞尔）、“Claret”（克莱雷），甚至更直接的“Burgundy”（勃艮第）等。在这些产酒国，他们把“Chablis”当作“Chardonnay”（霞多丽），把“Sancerre”当作“Sauvignon Blanc”（长相思），以建立自己葡萄酒在消费者心中的地位。因此，“新世界”这样的词汇也慢慢地深入到世界各国的葡萄酒消费者心中。

英国著名酒商科尼巴罗（Corney Barrow）公司的副总监艾莉森·布坎南（Alison Buchanan）曾表示，“新世界”这样的词汇是一个比较糟糕的词汇，非常霸道。他个人认为这个词不过是时代条件下的一个简易“区分器”，像智利、阿根廷、澳大利亚、新西兰、中国等国岂能再用“新”去形容，这些国家拥有悠久的葡萄酒酿造经验，如果再用这个词的话，就会显得太傲慢了。是的，中国、南非、智利、阿根廷、澳大利亚、印度等这些被称为“新世界”葡萄酒产国的国家，它们的葡萄酒酿造历史真的不“新”。

第二章
Chapter 02

名庄巡礼，梦里寻“她”

几乎每个人都有听说过1982年的拉菲。

为什么拉菲如此有名并且价格不菲呢?

为什么有人说波尔多五大名庄,

也有人说波尔多八大名庄?

“名庄巡礼”带你从不一样的视角看中西结合的爱士图尔酒庄、

世界闻名的波尔多五大名庄,

感受每一滴葡萄酒呈现到我们面前的珍贵和深情。

2.1 五大名庄还是八大名庄？

“五大名庄”之说从何而来？1855年。当时的法国皇帝拿破仑三世为纪念滑铁卢战役以来的40年和平，决定于1855年在巴黎举办世博会。葡萄酒作为国宝级的农产品，肩负皇命，波尔多经纪人联合会将最好的酒庄分为了五个等级，列作名单上呈。其中一级庄有四席：拉菲酒庄（Chateau Lafite）、拉图酒庄（Chateau Latour）、玛歌酒庄（Chateau Margaux）和红颜容酒庄（Chateau Haut-Brion）。直到1973年，身为二级庄的木桐酒庄（Chateau Mouton Rothschild）升级为与拉菲酒庄、拉图酒庄平起平坐的一等酒庄，自此便奠定了一级庄五个席位的格局，至今未变，人们习惯性地将这些一级庄统称为“波尔多五大名庄”。

“八大名庄”又是什么来头？“波尔多五大名庄”有官方的分级和历史事件作为依据，但“八大名庄”只是民间约定俗成的说法，并无任何分级或者官方为其背书，而且范围还囊括了波尔

多右岸。“波尔多八大名庄”中除了上面提到的拉菲酒庄、拉图酒庄、木桐酒庄、玛歌酒庄和红颜容酒庄外，还增加了波尔多右岸的柏图斯酒庄（Chateau Petrus）、欧颂酒庄（Chateau Ausone）和白马酒庄（Chateau Cheval Blanc），三者皆是右岸的顶级名庄，品质不输于五大一级庄。为了给这三个酒庄“正名”，人们索性将其同“五大名庄”合并，统称为“波尔多八大名庄”。

2.2 法国的一千零一夜情结

走进波尔多圣达史提芬产区（Saint-Estephe region），最吸引人眼光的就是爱士图尔酒庄（Chateau Cos d’Estournel）。爱士图尔是庄主的名字，酒庄在19世纪建立，这座城堡有中国的古钟楼、印度大象雕塑、苏丹的木雕大门，与西方建筑融为一体。这是一座极富有东方特色的城堡，我多次访问，印象颇深，一花一木都浸透着庄主深深的东方情结。

爱士图尔庄园占地面积为91公顷，葡萄园的种植葡萄比例为60%赤霞珠、40%美乐，葡萄树平均树龄为35年。1855年，爱

士图尔庄园被评为梅多克列级酒庄第二级。

Chateau Cos d’Estournel（正牌）：在葡萄酒迷的心目中，爱士图尔酒是非常独特的，它有着某种富有力量的阳刚个性，然而却又不失雅致或温柔，令人印象深刻的是它强劲的结构及浓烈的果香气息。爱士图尔酒发展得很缓慢，需要很长一段时间（10 ~ 30年）才能够达到完全的成熟，从而达到品质与复杂酒香

COS D'ESTOURNEL
ESTOURNEL
COS

的完美融合。在优良的年份中，爱士图尔酒有着异乎寻常的生命力，有的时候甚至能够超过一百年。

Les Pagodes de Cos（副牌）：强劲，芬芳，口感持久，余韵非常悠长。“小爱士图尔”是一款精致的酒，能给你带来瞬间的愉悦。这款酒适合在庄园装瓶后的十年里饮用。

爱士图尔出产的葡萄酒以酒体强劲被大家喜爱，我曾经品尝过1986年份的爱士图尔酒，32年后开瓶，依旧芳香扑鼻，酒体的结构感觉和回味正如一位魅力无限的中年女性，如此地吸引人，这是一支充满异域风情的波尔多佳酿，酒里寄托着太多的故事。您值得一试！我有幸为爱士图尔少庄主举办品酒晚宴，席间，大男孩一样的他讲起葡萄酒非常专业。

小贴士

酒庄的正牌和副牌是怎么回事？

副牌（second-label或者second wine）是相对于它的正牌酒（first-label）而言的。酒庄酿造的最好、最知名的那款葡萄酒就叫作正牌酒。酒庄每年开始酿酒的时候，会把那些不适合用来酿造正牌酒的葡萄用于酿造副牌酒；有时在桶装阶段的试饮过程中，如果某些酒桶里的酒未能达到正牌酒的严格标准，就会被拿来当作副牌酒。

正牌酒和副牌酒的区别：

1.除酿造原料的质量不同之外，酿造方法基本上是一样的，所以酒的风格也比较相近；

2.但它们的价格相差很大，一般副牌酒的价格只是正牌酒的三分之一到二分之一；

3.两者还有一个不同是正牌酒要经过很多年的陈放后才适合饮用；而副牌酒要比它早熟一些，可以早点享用。

2.3 探索拉菲的声音

拉菲酒庄（Chateau Lafite）创始于1763年。该酒庄位于“波尔多第一坡”，它因地处加龙河右岸的高地而得名，拉菲（Lafite）一词在当时意为“山丘”。

拉菲酒庄是鼎鼎大名的罗斯柴尔德家族在1868年收购的第一个酒庄。集团收购之后，以葡萄栽培和葡萄酒酿造的卓越技能为基础，培育出非凡细腻与典雅风格的优质佳酿。

多次访问酒庄，除了酒庄对葡萄树遵循传统的

栽培外，让我印象深刻的是酒庄的人文关怀。走进访问室，墙面上有几张巨幅人物照片，照片人物都是酒庄的工作人员，从厨师、酒庄管理员，到接待主管。照片上的人笑容亲切而热烈，自信满满，仿佛拉菲就是他们自己的庄园。对小人物的关怀也许就是拉菲能称为世界级酒庄的原因之一吧。如果您对待身边的人都不能尽心，试想他人又怎么回馈您呢？感谢拉菲，给我们上了一节我们往往忽视了的人性之课。

2.4 坚持品质，塑造自我
——拉图酒庄

提起拉图酒庄（Chateau Latour），不得不说现在的拥有者“开云（Kering）集团”。大家熟悉的古驰（Gucci）、圣罗兰（Yves Saint Laurent）、巴黎春天百货（Printemps）及巴黎的马里尼剧院都是开云集团的产业。这位霸道总裁毫不掩饰着自己丰富多彩的爱好，并且将这些爱好统统收入自己的旗下。在他的带领下，拉图进行了一系列重大改革，旨在让拉图葡萄酒始终保持在无懈可击的水平。

沿着拉图的历史看去，这是一个强者用心打造的酒庄。17世纪，在亚历山大·德·西格尔（Alexander de Ségur）领导下，拉图酒庄酒质明显稳定，酿酒技术精进。在1716年亚历山大逝世前，他更是收购了拉菲酒庄。其爱子尼古拉·亚历山大（Nicolas Alexander）是波尔多议会的主席，被路易十五称为“葡萄酒王子”。他追随父亲的脚步，在1718年收购了木桐和凯隆的土地，扩大了酒庄版图。

今天的拉图酒庄，虽然已经好评不断，但创新的尝试和遵循传统的精神依然在这个酒庄中并存、光大、发扬。酒庄开始实验生物动力法酿造，主导精神就是注重细节、注重优质、注重环保、关注新问题。

2.5 汇聚荣耀，超越荣耀

——玛歌酒庄

玛歌酒庄（Chateau Margaux）的城堡在波尔多，被称为“波尔多的凡尔赛宫”。如此美轮美奂的建筑，离不开当时的庄主拉克罗尼亚侯爵贝特朗·杜阿（Bertrand Douat，Marquis de la Coloilla）。他收购酒庄后拆掉了之前的建筑，聘请波尔多最受关注的建筑师路易·库姆斯（Louis Combes），这是他的杰作，是法国少有的几个新帕拉第奥式风格建筑之一。这不仅仅是一个优雅的贵族庄园，更是一个农业产地，他在城堡的两侧修建了生产用房，玛歌酒庄也是唯一一个使用自己制作的橡木桶的名庄。历任的酒庄庄主都将玛歌城堡印入自己的生活，他们在创新，在用自己的激情与聪明才智书写着酒庄卓尔不凡的历史。安德烈·门泽普洛斯（Andre Mentzelopoulos）在1977年成为酒庄的主人，

这个口音悦耳、精通六种语言、平日里喜欢引用温斯顿·丘吉尔名言的希腊人，爱上了属于他的玛歌酒庄。

1977年的安德烈·门泽普洛斯是一个前瞻者。波尔多葡萄酒从严重的经济危机和质量危机中刚刚复苏，投资者对优质波尔多葡萄酒尚不感兴趣，业主们没有资金来提升自己的酒庄效益。安德烈·门泽普洛斯高瞻远瞩，在市场仍旧低迷、毫无即时盈利可能的情况下，在波尔多20世纪末期的新黄金时代到来之前，投入大量资金完善酒庄建设。

无论是在葡萄园、酒窖建设上，还是在城堡建筑结构上，安德烈大动干戈，开渠引流，栽植补种。在著名葡萄酒工艺学家埃米尔·佩诺（Emile Peynaud）的热情指导下，他重新引入玛歌红亭葡萄酒，在质量筛选上更加严格，重新界定玛歌白亭葡萄酒，引进使用新橡木桶培养，并规划建造了梅多克地区第一个大型地下酒窖。酒庄的城堡建筑于1946年被列为法国历史建筑古迹，曾由法国历史建筑古迹督察员监督修复，室内装潢由著名的设计饰师亨利·塞缪尔（Henry Samuel）设计，他曾设计装饰了纽约大都会艺术博物馆法国18世纪展厅。

玛歌1978年份葡萄酒立即被公认为绝品佳酿，此乃安德烈·门泽普洛斯投入空前力度结下的丰硕成果。

安德烈·门泽普洛斯于1980年与世长辞，他离去得太早太

快，未能尽情享受玛歌酒庄重生的快乐。在酒庄漫长的历史中，没有任何一位庄主曾像他那样，在如此短暂的时间里深刻地改变了酒庄的命运。

当年曾对“梅多克的希腊人”深怀戒心的葡萄酒界，如今又对安德烈·门泽普洛斯的离去百般不安，这是因为安德烈有胆识，有远见，激情满怀，让所有怀疑他的人信服了。他以惊人的速度恢复了酒庄葡萄酒质量，让酒庄重现旧日风采。

科琳娜·门泽普洛斯（Colina Mentzelopoulos）尝试迎接挑战。父亲去世时，她在管理费利克斯波丁连锁店的普林斯特

（Primistères）公司任业务分析师。在父亲原班人马的支持下，她继承父业，将父亲的投资规划继续下去，为酒庄迎接下一个挑战做好准备。从1982年开始，全球对波尔多葡萄酒的需求急剧上升，首先是美国人对优质葡萄酒兴趣大增，随后是传统的英国和德国市场，继而是日本和新加坡的葡萄酒爱好者，还有俄罗斯人、中国人、印度人、巴西人……

尽管数百年来波尔多葡萄酒对赞赏已习以为常，但如此成功仍属史无前例，世界各地的爱好者纷来沓至，前来参观、品尝、比较、评论。

上天保佑，波尔多接连几年都遇到好年景，2009年、2010年更为出色。在这个阶段，费利克斯波丁公司改组，将连锁店和房产一并易手，资产重组后公司改名为Exor，并成为当时世界矿泉水业头号企业毕雷矿泉水公司的大股东。对科琳娜·门泽普洛斯来说，单枪匹马发展集团风险过大。20世纪90年代初，科琳娜主要依赖拥有菲亚特汽车集团的阿涅利家族，那时菲亚特由乔瓦尼·阿涅利（Gianni Agnelli）领导。这一合作持续了十年，直到2003年阿涅利集团决定卖掉所持的玛歌酒庄股份。科琳娜毫不迟疑地收回全部股份，成为酒庄唯一的股东。科琳娜·门泽普洛斯踏着父亲的足迹，单枪匹马延续酒庄的传奇精神。她不仅仅是一名满腔热忱的酒庄庄主，将玛歌的细腻、复杂、浓郁、强劲和悠

长表达得淋漓尽致；她更是美国索尔克研究所的董事会成员，这是一个公益组织，目标是帮助受经济危机影响的希腊群体。同时，她也是雅典贝纳基博物馆的名誉会员，为保护文物做着贡献。

一代一代的玛歌庄主，用自己的荣耀笼罩着玛歌这个神奇的城堡。玛歌酒庄值得您去探索和发现。

2.6 第一唯一，质量如一

——红颜容酒庄

红颜容酒庄（Chateau Haut-Brion）也称为“奥比昂酒庄”

或者“侯伯王酒庄”。不过我还是比较喜欢“红颜容”这个有诗意的名字。说起法国红颜容酒庄，就要说说它诸多的第一。它是1855年波尔多列级庄分级中唯一一个不在梅多克的酒庄。1987年，格拉夫划分出独立的原产地命名控制（AOC）分级，它是唯一一个以干红、干白葡萄酒都列入顶级的酒庄。第一个有记录进口酒品到美国的五大酒庄，美国第三任总统托马斯·杰弗逊在法国旅行时购买了6箱红颜容寄回他在弗吉尼亚的庄园。1960年，红颜容是第一个革命性地采用不锈钢桶发酵技术的酒庄。同时，他也是五大酒庄中面积最小的、成名最早的酒庄。历史上，酒庄的拥有者包括法国海军司令、地区主

教、法国元帅、阿基坦区首长、拿破仑的外交大臣，以及约翰·肯尼迪总统时期的美国驻法大使C·道格拉斯·狄龙。它是5大酒庄里唯一一个被美国人拥有的酒庄。

如此众多的光环中，不得不提及从1921年就加入红颜容的酿酒家族德玛斯家族，一家三代为酒庄的品质做出了卓越的贡献。1961年，在其他列级酒庄保持传统酿造方法的时候，他们已经另辟蹊径，打破了传统方法，采用新科技设备酿酒。

红颜容的酒，像极了豆蔻女孩，清纯可爱，淡雅芳香。陈年之后像成熟的女人，大气稳重，热情奔放。正如它的名字那样，不管哪个时期的红颜容，都可以找到自己喜欢的影子。

PRIMEURS

2.7 不同风格的酒标，同一个木桐梦
——木桐酒庄

木桐酒庄（Chateau Mouton Rothschild）是唯一一个在1855年评级之后被官方升入一级庄的酒庄，1855年评级时该酒庄被评为二级庄。自1945年起，木桐酒庄每一年都使用不同的图案作为酒标，而且酒标的作者常常都是著名艺术家和各界知名人士。酒庄坚持高品质的产品及艺术时尚的经营模式，在波尔多地区久负盛名。酒庄优秀的品质居然没有获评一级，当时被许多人称为可怕的不平等。然而酒庄的拥有者来自罗斯柴尔德家族的菲利普·罗斯柴尔德（Philippe Rothschild）坚持不懈，认为一级酒庄非他莫属。在这漫长的申诉之路上，除了要按照法国官方繁复的程序以外，还必须有1855年分级中所有其他酒庄的庄主一致认可才行。在木桐酒庄庄主的坚持努力下，得到了几乎全部其他酒庄主人的同意，唯一反对者是他的表哥，当时拉菲酒庄的主人。最后在1973年终于得到全部同意，由当时法国农业部长希拉克确认后，木桐酒庄升级为一级酒庄。

漫漫的升级之路，阻挡不了木桐酒庄的发展。酒庄创新使用

艺术标签，不仅仅满足了人们对美酒的追求，也大大提升了收藏和审美价值。众多的酒标中，不仅有毕加索、安迪沃霍尔、米罗、夏加尔，更有2004年为纪念英法友好协议签订100周年选用的英国查尔斯王子的绘画。

木桐酒庄以强劲的单宁、复杂而丝滑的口感、浑厚的酒体（帕克认为可以再收藏50年）延续着自己的传奇故事。

第三章
Chapter 03

遍访世界酒庄，因“她”激励前行

太多太多的邂逅，让我们过目不忘；

太多太多的经历，只想与美丽的你分享；

欧颂的诗人之酒，

给我们似轩尼诗生命之水般的问候；

我们一起用一支女爵干红感受女性的力量；

跟着笔尖去传统唯美的西班牙，

看一看所谓的生物动力酿造法；

去澳大利亚感受葡萄酒科技让生活更美好；

飞30个小时到栖息之地智利，

看看最远的葡萄酒庄……

行走的绅士已经为你打开大门，

开启我们的心灵之旅吧！

3.1 干邑并非酿造，而是创造

——法国轩尼诗干邑

轩尼诗（Hennessy）的成立，最早追溯到17世纪。随着这个世界知名的干邑出口公司走上世界舞台的是它传递给世人的高瞻远瞩的精神。

“Vi Vivo et Armis”（全力以赴），这句箴言始终指导和引领着轩尼诗创始人李察·轩尼诗（Richard Hennessy）的人生方向。爱尔兰籍的李察·轩尼诗在路易十五的御林军中担任军官。1765年解甲归田的他观察到干邑区所产烈酒拥有巨大的发展潜力，他决心革新传统商业规则，跨越政治界线，脱离旧时代的束缚，发展属于自己的烈酒时代。经过不懈的努力，1794年，轩尼诗干邑便在刚刚独立仅17年的美国日益深入人心。

从此，轩尼诗一路高歌猛进。1818年，沙皇亚历山大一世的母亲要求轩尼诗特别调配一款极品干邑，作为其儿子的生日礼物。此后，罗曼诺夫皇室家族定期向轩尼诗定购干邑。1859年，轩尼诗首次运往中国。1949年，数瓶轩尼诗三星级干邑伴随保罗·艾米丽·维克托（Paul Emilie Victor）北极探险。2013年，

Hennessy
LES VISITES

Hennessy

Hennessy

轩尼诗共计销售量达到一百万箱，成为全球第一大顶级法国烈酒品牌。至此，世界130多个国家均有销售轩尼诗干邑，它成了法兰西优雅生活艺术的最佳代言人。

每天早上11点，轩尼诗的调酒师们都会聚集到调酒室，这是轩尼诗的秘密所在，他们掌握调配的技术确保我们喝到的每一支酒味道统一，这是一种坚持和坚守，追求品质的始终如一。

现在的轩尼诗是法国酩悦·轩尼诗-路易·威登集团（LVMH）全球业务中浓墨重彩的一笔。数次访问轩尼诗位于干邑区的总部，探索历经250多年的轩尼诗家族精神，让我为之钦佩。战斧族徽鼓舞着家族每一个人去挑战；精确的调配工艺，要求每一个人为此付出全部的认真和专注。时代虽已走远，轩尼诗精神常在。那句“干邑并非酿造，而是创造”的话语，深深烙进每一个轩尼诗族人的心里。每次到轩尼诗总部，都会给我惊喜，与艺术家的合作，与音乐家的合作，与摄影师的合作等，都在诉说着这个家族血液中“全力以赴”的箴言。

写到这里，冬季的北方让我略感寒冷，翻阅轩尼诗的官网，居然有轩尼诗冬季烈酒特饮，4盎司的轩尼诗，加入4盎司的温水、0.5盎司的糖浆，想想身体已经温暖起来。我想，我得去调试一杯冬季特饮了。

3.2 诗人之酒

——法国欧颂家族

欧颂（D.M Ausonius），是罗马帝国时代的一位教授及诗人，也是罗马皇帝幼时的太傅。他获得了波尔多的一块封地，同时也是波尔多区域的总督兼任最高书院的校长。这位身份显赫的大人还是一位葡萄酒爱好者，他不仅仅在自己的诗歌中宣传葡萄酒，而且将爱好变成了现实，开拓了葡萄园，成为波尔多最早的种植先驱。他以自己名字命名的欧颂庄园（Chateau Ausone）生产的酒被称为“诗人之酒”。

进入20世纪，欧颂酒庄进入全盛时期，一跃成为了圣爱美隆的第一号名庄，名气在白马酒庄之上。

Ausone

20世纪70年代期间的欧颂股份分别由杜宝·夏隆（Dubois Challon）夫人和沃泽尔（Vauthier）兄妹各占50%。双方都具有非常强大的个性，为了酒庄的品质各执一词，为此产生了巨大的隔阂，再也不相往来。1997年，沃泽尔兄妹收购了杜宝·夏隆夫人手中的50%股份，欧颂酒庄的纷争才得以平息。

在国内很少见到欧颂酒庄的酒，因为它仅仅有7公顷的种植面积，年产2500箱（1万支）左右，供全世界爱酒达人收藏品鉴。如果哪天您品尝到一支欧颂酒庄的酒，真的要感谢上苍垂青，因为这1万支左右的酒浓缩着酿酒人的毕生心血。

访问过许多酒庄，像欧颂酒庄这样自带主角光环还执着于精进技术的酒庄让我深深感动，一片土地，一群人，为一支酒。这支酒浓缩了太多的情与爱，浓缩了一段段不为人知的过往。如果，您喜欢收藏葡萄酒，或者即将要收藏葡萄酒，一支欧颂一定会为您的酒窖增添许多故事，而这些故事都是关于坚持和坚守的！

3.3 女性的力量

——法国碧尚女爵酒庄

走进碧尚女爵酒庄（Chateau Pichon-Longueville Comtesse de Lalande），仿佛世间的美好都在这里停顿了。各大家族的强强联合，开始了对波尔多顶级酒庄超过250年的统治。

维吉尼亚·拉兰德伯爵夫人（Virginie Countess de Lalande），酒标上那位有着迷人脸庞的女庄主，她委托波尔多建筑师杜普特在波尔多梅多克地区的中心地带建造一所房子，设计从波尔多的拉兰德酒店中汲取灵感，因为她的丈夫在那里度过了童年。

她对葡萄园的热爱和精明的

管理使她成为一个令人印象深刻的人物，她在庄园中留下了自己的印记，而且副牌的酒标一直有她的照片。

这是一种怎样的情怀与信心，才能将自己的照片与每一支酒同在。探索酒庄的历史，令我感慨。酒庄大部分时间都被女性庄主打理，她们或是普通的人妻，或有高高在上的爵位。在250多年漫长的酒庄历史中，你能想象她们遇见的困难吗？你能想象她们经历的不平凡吗？你能想象这些女性所承受的压力吗？漫步在酒庄的葡萄园中，微风，晚霞，淡淡的植物香，我内心的疑问终于有了解答，女性是这个世界特殊的存在，女性存在的最大意义是给人希望与力量。正如女爵酒庄250多年常青，希望与力量绝对是这个酒庄不变的主题！

酒庄出售之前最后一任女庄主梅·艾琳·德伦夫奎辛（May Eliane de Lenvquesaing）今年已经94岁了，她以酿酒师身份参与了酒庄巅峰之作——1982年份和1983年份的葡萄酒的酿造。1994年，她被葡萄酒杂志《醇鉴》（DECANTER）授予为“终身成就奖”。我以为功成名就的她应该颐养天年了。但生活对94岁的艾琳来说每一刻都是新的。她远赴南非，在那里购买了格莱利庄园（Gleelly Estate）酒庄，建造了一个先进的酿酒厂、一个品尝中心、一个珍贵的玻璃博物馆（艾琳收藏了全世界最多的玻璃

制品，最早可追溯到公元前5世纪）和一个农场儿童学校。在那里酿造的酒已经开始蜚声世界。艾琳说她的酒里有三种不可缺少的东西：力量、优雅和平衡。

相信女爵酒庄的传奇在葡萄酒界永远不会落幕，因为希望永存！

3.4 跨越国家，融合发展

——美国作品一号酒庄

蓝色的酒标，印着欧洲贵族菲利普·罗斯柴尔德男爵（Baron Philippe de Rothschild）与美国知名酿酒人罗伯特·蒙大维（Robert Modavi）的头像和签名，一看酒标，您就知道这支酒系出名门。大人物之间的合作，有心心相通的灵感，更多的是严谨的态度和完美的追求。双方的合作先后谈判数百次，用了8年的时间完成合作协议内容。

OPUS ONE

Mark

酒庄的设计师来自法恩-佩雷拉（Fain&Pereira）这间设计公司，这间公司在美国非常有名气，参与的设计有洛杉矶的福克斯广场大厦、圣地亚哥新图书馆及诺顿空军基地的总体规划。凭借丰富的经验，设计师非常完美地将古典与现代结合，将宁静与自然融为一体。酒庄内部摆放着18世纪意大利的古典家具、15世纪的石灰石壁炉。酒庄内部的凉爽与阳光的合理照射得益于科技与设计的打造。进入酒庄，你便进入了一场神奇的穿越之旅。

作品一号（Opus One）在中国被越来越多的人熟悉，它的品质绝佳，星光熠熠，在各大葡萄酒酒评家眼中是不可多得的宠儿。

罗斯柴尔德和蒙大维对优秀的葡萄酒、食品和艺术、音乐抱有极高的热情，这为他们的合作奠定了基础。我们在品鉴作品一号的同时，着实感慨这两大家族的完美融合。酒中既包含着法国的典雅，也有美国的热烈。我想这就是酒庄要传递给我们的精神，融合是为了更好地超越，融合是头破血流后的重生！

3.5 生物动力酿造法

——枫之露

相信大家都多少了解一些生物动力酿造法了，这是非常流行的一种酿造方式。在全球范围内许多酒庄会采用这样的方式去酿造葡萄酒，一切都古朴地遵循着自然。这些知名的酒庄有罗曼尼

康帝酒庄、乐华酒庄、五级名庄庞特卡奈等。

这是一种注重生命和能量的农业生产方式，从受到印度兴都教（Hinduism）影响的人智学（Authroposophy）中衍生而来，是由奥地利哲学家鲁道夫·斯坦纳博士（Dr.Rudolf Steiner）于1924年提出的整体哲学农作法。

出发去西班牙之前，我花了很久试图了解生物动力法酿酒的奥秘。带着疑问，走进距离西班牙首都马德里一个小时车程的拉曼查产区的枫之露酒庄（Viento Aliseo）。这里是堂·吉诃德的故乡。夏日的炎热、不时的过路雨及阵风频繁是这个大陆性产区的特色气候，

ALISEO

好在干燥洁净的空气非常适合葡萄生长。

初见葡萄园，葡萄树都被围成了一个一个的圆圈，不用过多地修剪，因为一棵树的每一寸都是生命所在。葡萄园里施肥用的是牛角包裹起来的牛粪及石英石，在冬天埋进土地6个月，这段时间牛粪失去臭味，变得很黑，像泥土一样，人们用水稀释，喷洒作为肥料。此时的肥料经过时间的沉淀，经过土壤的润化，已经变得对葡萄树极为有益，酿造出来的葡萄酒更具矿物质味道；而石英石因为吸收了太阳的能量，帮助葡萄树充分地成熟起来。生物动力方法将葡萄的栽培和整个庄园视为一个整体，形成一个紧密结合、相互交错影响的生态系统，提倡生态、有机、自然、自给自足的哲学观。

品尝生物动力酿造的葡萄酒，我更想告诉大家的是那是一种自然的纯净无比的味道。枫之露酒庄对我来说是一个非常特别的存在。庄主告诉我：人与自然只有紧密地结合在一起，一遍一遍地在一个循环系统里沉淀，最后才能产出复杂多变的浓香醇厚的葡萄酒。

酿酒在他的眼里已经不仅仅是一个人的事情，更多的是一种世界观：维持生物多样性，真实地反映葡萄酒背后的风土人情。品着他酿造的美酒，不仅口中雀跃无比，我心里也种下了健康的可持续发展的生活方式的种子。

3.6 科技让生活更美好

——澳大利亚巴罗莎凯富酒庄

澳大利亚是新世界酿酒的典型代表。这里的葡萄园面积都很大，管理葡萄园成了最大的问题。

我与凯富酒庄（Craneford Wines）的庄主丹尼斯认识很久了，老人家已经年近古稀，毕生都在为精细化管理葡萄园努力。在人口稀少的巴罗莎地区，人与科技的关系变得非常密切。

酒庄拥有一块面积仅仅为2公顷的100年以上老藤葡萄园，这是凯富酒庄最得意的财富，这里的葡萄被用来酿造最高端的一款葡萄酒。由于该地区人口稀少，又常年高温干旱，葡萄成熟时，鸟儿们

CELLAR
DOOR
OPEN 7 DAYS

的光临直接对这块本就产量不多的葡萄园造成很大影响。丹尼斯精心地看管着这块从父亲那里继承的土地，他从以色列引进了精密的滴灌系统，每天精确地对葡萄园进行灌溉。按照设定好的时间，在酒庄电脑操作即可，按时按量，既不浪费时间，也不浪费水资源。

我在澳大利亚与丹尼斯见面时，他非常骄傲地告诉我，他的儿子放弃了在德国的工作，将要回来继承葡萄园了。我感觉很奇怪，子承父业不应该是理所应当的事情吗？追问之下才知道，丹尼斯的儿子学的是文学，自己觉得对葡萄园的管理帮不上太多忙，因而迟迟不肯接受酒庄。由于丹尼斯的热情，儿子放弃了文学，转学理工。现在他对葡萄园防止鸟儿偷食还颇有研究呢。酒庄如今已经扩大了种植面积，不断尝试用新式的科技手段去管理葡萄园，让葡萄园在科技的带动下获得最好的收成。

庄主对酒庄的热爱感染了我。2016年，在庄主的严格把关和酿酒师的精心酿造下，挑选优质巴罗萨谷的西拉，为我们生产了一支充满爱的葡萄酒，我以女儿克莉丝汀（Christine）的名字命名，酒标是我的朋友当代艺术大师马树青的作品。

Christine Crown（克莉丝汀 皇冠）更是在G100全国进口酒评选中获得大金奖。

一代又一代，科技的传承和创新在这个贫瘠又气候多变的土地上发挥着，发展着。面对自然，我们是多么渺小。人与自然的和谐共处，科技之光的闪现，在澳大利亚这块土地上上演着。品一口来自澳大利亚的Christine Corwn（克莉丝汀 皇冠），你是否尝到了技术的味道？

3.7 充满大爱

——意大利莫拉蒂家族酒庄

意大利莫拉蒂家族，最为中国朋友熟悉的是收购了意大利明星足球队国际米兰。在米兰，家族企业更涉及石油业、制造业、慈善产业等，其中最令我动容的是家族拥有一个向全世界免费开放的戒毒中心。莫拉蒂家族至今已经第四代了，家族人丁兴旺，每个人在自己爱好的领域都颇有建树。

莫拉蒂家族酒庄（Chateau Massimo Moratti）和城堡由吉

安·马尔科·莫拉蒂（Gian Marco Moratti）和他的妻子莱提亚·莫拉蒂（Letizia Moratti）拥有。莱提亚·莫拉蒂在2006年至2011年期间担任了米兰市长职位。这样庞大与持久发展的家族必定是有自己的家族训导和家族理念，我带着好奇心参观了他们的城堡、酒庄和酿酒车间。

奇科诺拉（Cicognola）城堡在皮埃蒙特的莱伯帕韦斯（Piemonte Oltrepo

DODICIDODICI
La Maga
La Maga

Pavese）中心地带，坐落在山丘之上，这里有独特的风土。家族在1982年购买酒庄后并未停止脚步，他们对酒庄进行了大规模的调整，聘请了知名酿酒师把关，在延续皮埃蒙特优秀风土的同时，创新了对葡萄酒的风格表达。

从品酒室内部装饰您可以感受到意大利人设计的才华。这些设计与生产全部来自家族的戒毒中心，那里的人们在戒毒的同时为自己找到了适合生存的方法。

品尝过莫拉蒂家族的葡萄酒，我心中对所谓大家族的定义更加清晰和明朗了。一个有使命的家族，一个有灵魂高度的家族，一个愿意奉献的家族，必将在这个世界常青！而且其精神也会照亮身边的每一个人！

3.8 栖息之地

——智利敦可伦酒庄

智利中央山谷产区，是我们最熟悉的产区，这里集中了智利的优秀和智慧酿造者。敦可伦酒庄（Viña Tunquelén）位于中央山谷产区的库里科山谷中。

飞行30多个小时后，在冬日清晨从首都圣地亚哥驱车一个多小时，我们一行终于到达智利敦可伦酒庄。进入酒庄，我们就被这里的浓浓大雾吓到了。这是在电影才看见的情形啊，大雾让2米之外什么东西都不能看见。酒庄代表一直跟我说车窗外就是葡萄园，我也努力地寻找，但智利葡萄园跟我玩了一次捉迷藏。我还在担心这样的大雾影响参观啊，这个时候便已经隐约看见酒庄为了欢迎我的到来特意挂上的中国国旗。多变的气候，以前在影视中看的多，这里让我第一次体会一个小时之内大雾从伸手不见五指到全部消散的过程。

深冬的酒庄，虽然一片干枯的景象，但工人们也一刻不敢怠慢，都在田间忙着为葡萄树剪枝，精心地打理着葡萄田。庄主陪着我在酒庄散步，告诉我他们是1992年才买下葡萄园，从首都圣地亚哥的高楼大厦里搬到这“栖息之地”。他太喜欢土地了，他甚至喜欢赤脚在土地中行走。在他的带领下，这片土地被认为是最具创意的葡萄园。在智利，大家普遍熟悉的是佳美娜这个葡萄品种，而庄主种植了大面积的西拉。他说，这个世界上没有最好的，只有最适合的，智利是一块干净纯粹的生命力极强的土地，这里能孕育的东西太多了，我们只需要去发现就好。

走过许多国家，智利是我认为土地受人工干预最少的地方。由于地理位置和气候类型的特殊，这个国家生产的葡萄酒近几年因其独特的口感、超高的性价比被更多的中国消费者接受。品尝智利酒庄生产的美酒，您仿佛进入了一个不被打扰的世界，您需要安静地感受智利带给您的风土之情。一切美好都是源于对自然的崇敬。

3.9 波尔多的“富二代”精神
——罗兰酒庄

我与罗兰（Roland）认识要从5年前说起。那是法国的国庆节期间，由于行程变化，我滞留在波尔多。商店、餐厅统统关门，面包店只销售最普通的面包。我慌了神，异国他乡，举目无亲，连吃饭都成问题，简直人在囧途。Roland知道我的遭遇后主动联系我，亲自开车到酒店接我去他的城堡住下，每日与他家人一起围炉团聚。多年后我回想起这段经历还是感到异常温暖。从此以后，我到波尔多便住在Roland家里，我的孩子与他的孩子也成了挚友。

我们的合作随着时间的推移也越来越默契。罗兰的母亲来自波尔多著名的波利（Borie）家族，家族在波尔多拥有许多知名酒庄，其中超二级酒庄宝嘉隆（Chateau Ducru Beaucaillou）是一间世界知名的酒庄，拥有无数的粉丝。2015年波尔多期酒品鉴期间，我们相约到宝嘉隆酒庄品酒。我们按时到达，前面的日本客人还没有结束品鉴，我和罗兰只好在门外等候。我原本以为“自己人”的酒庄应该会给我们特权，罗兰却对我说抱歉，他不能用特权招待我，我们只能再等等。

期酒知多少

期酒（En Primeur）是指酒庄在葡萄酒尚未正式发售之时，将其以期货的形式出售，买家需要预先付款购买指定酒款，在酒款正式发售后（通常是一到两年的时间）再发货给购买者，是葡萄酒预售制度的一种。

期酒诞生的历史很有趣。在第二次世界大战期间，波尔多城堡缺钱，所以才开始做这种生意。第二次世界大战以后，城堡被毁，而且法郎持续贬值，直到20世纪60年代才好转。当时，波尔多有一批好酒（如1959年和1961年的酒），所以就想用它们来换钱，重建酒业。可是，波尔多红酒出产之后至少需要储存2年时间才能达到好的口感，这样一来，虽有好酒也没办法卖。酒商们急中生智，就想出了一个让酒商和顾客双赢的办法。他们提前卖出一些酒的份额，就有热钱流入腰包。顾客们立刻让评酒大师们出马，让他们提前预测出这些酒的价钱，在酒装瓶以前就胸有成竹。在这样的时代背景下，期酒模式应运而生。

每一件看似不经意的小事，我的朋友一言一行都影响着我。在世界范围内经营葡萄酒的贸易，罗兰不仅学会了简单的中文、日文，甚至学会了意大利文。他用这些国家的文字书写酒庄的名字，好让大家对他的酒庄留下深刻印象。

他坚持每天早上7点就到办公室。他的团队成员来自中国、意大利、日本、法国。这个全球化的团队在他的带领下，2017年在波尔多众多出口商中出口额排名前十。

每一年我的朋友会带上当年的好酒来中国与我们分享，我特别喜欢他酒庄的2014年干红，浓烈的香气，醉人的回味，令人禁不住要多品尝几口。

我问他一直以来就想问他的问题，为什么身份显赫还要如此努力？你猜他的回答是什么？简单到无法想象，他说身份并不能给他带来快乐，酿出值得珍藏的好酒才能让自己快乐。

我眼中的波尔多“富二代”跃然于纸上，他含着金钥匙出生，但不以此为傲；他有丰富的酒庄资源，但依然不断精进；他本可以坐享其成，却依旧带领团队开拓未知世界。他秉承着快乐的酿酒哲学，他是葡萄酒的精灵。在这个世界与他相遇，品尝他酿造的美酒，我也变得快乐起来。

3.10 行走的绅士

——威士忌

19世纪威士忌由日本传入中国，晚于干邑来到中国的时间。

那是因为现在世界知名的尊尼获加（Johnnie Walker）品牌1820年才建厂成立。

这位行走的“英国绅士”带来了调和威士忌的巅峰。仅仅是简单的谷物，经过蒸馏，经过陈年，经过调配，便成了上帝的礼物，具有了来自灵魂的香气和尝之难以忘怀的口感，极大地丰富了我们对味道的体验。150多年以来，在世界各地您都可以看见这位行走的“绅士”，印证了他的广告词："KEEP WALKING！"

说起威士忌，就要说到酒精。很难准确地讲人类是从什么时

候开始蒸馏酒精的，也许在4000年以前。公元12世纪，蒸馏技术传到了欧洲。最早的威士忌是僧侣们酿造的，未经橡木桶陈年，用来治疗各种疾病。亨利八世解散了修道院，僧侣们才将蒸馏技术带到了苏格兰的民间。

在苏格兰，酿造威士忌成了一项古老的工艺，经过岁月的沉淀之后越发精纯。许多的因素都会影响威士忌的风味，谷物、酵母、蒸馏器的形状、橡木桶的类型和陈年的时间。只有在橡木桶中沉睡至少3年之后的酒才能被称为苏格兰威士忌。

听着苏格兰风笛声，高亢婉转，又通透秀美，聊着遥远苏格兰人们酿造的精进工艺，喝着纯正的苏格兰威士忌，我想这便是人生最高境界的停下和放松吧。此时的一口酒，已经麻醉了所有人的神经。记得有位朋友说过：“暂时的停顿是为了更好地飞跃”。威士忌带给我更高的人生思考。你值得一试。

3.11 快乐精神

——鸡尾酒

最早的鸡尾酒是以干邑白兰地为基底的萨茨拉克酒

(sazerac)，源自1850年的新奥尔良。鸡尾酒的特征是原料组合多种，色彩、味道各不相同。就连装鸡尾酒的杯子也是形状各异，装饰品更是只有你想不到的而没有办不到的。在爵士乐的发源地，鸡尾酒就这样伴着音乐的节拍一路高歌，走进人们的生活。在那个融合、开放的年代，忧愁和烦恼都可以被一杯美酒化解。鸡尾酒承载着这种追求快乐的精神走向世界各个角落。

近些年，在欧洲和美洲还流行起一种用中国白酒作为基酒的鸡尾酒。来自东方的古老味道，与欧美时尚结合，鸡尾酒给予我们的是一种不断尝试与创新的态度。

我特别喜欢到不同的国家尝试当地的鸡尾酒。一直还记得在印度尼西亚巴厘岛上，吹着海风，看着一望无际的大海，身边的这支鸡尾酒竟然用了海水作为其中的调料！多可爱的当地人啊，真是让人饮一杯便难以忘怀！

第四章
Chapter 04

探索“她”真身之谜

天尝地酒

葡萄酒的前世今生

葡萄酒，

对你来说是什么呢？

有人说“她”高贵优雅，

更有人说“她”是精神食粮，

也有人说“她”只是饮料。

世界上有数不清的葡萄酒，

也有数不清的呈现方式，

到底哪一款是属于你的呢？

半个世纪前，

酒业就已经成立专业的机构，

教授人们品鉴各种类型的葡萄酒。

为能在茫茫酒海中找到“她”，

是时候跟着专业品酒师学习品酒课程，

去邂逅你的“她”了！

4.1 葡萄酒教育那些事

4.1.1 学术派：英国WSET品酒师认证

1969年，葡萄酒及烈酒教育基金会（Wine and Spirit Education Trust，简称：WSET）以慈善基金的形式成立，旨在满足英国葡萄酒及烈酒行业内不断增长的教育需求。在酒商行会（the Vintners' Company）的资助下，WSET接手了由英国葡萄酒及烈酒协会（the Wine and Spirit Association of Great Britain）倡导的教育项目。随着其认证被广泛认可，WSET意识到对于葡萄酒及烈酒方面高品质教育的需求不仅仅存在于英国国内。1977年，通过在爱尔兰共和国开设课程，WSET将其认证扩展到了海外。在同一年，WSET借助于与国际葡萄酒教育公会（IWEG）的合作，跨越大西洋，在加拿大的安大略省启动了WSET认证项目，也拥有了北美地区第一个WSET认证课程的特许授权培训机构。20世纪90年代末，WSET认证已经由英国普及到了整个欧洲、美国、中东及亚洲地区。2007年，参加WSET考试的国际学生人数首次超越英国本土学生人数。

WSET自1969年成立以来，就使用“Ariadne”作为标志。Ariadne是希腊神话克里特之王米诺斯的女儿，亦是葡萄酒之神。Ariadne不仅代表了葡萄酒的醉人力量，更代表了葡萄酒在社交方面产生的积极影响。

正如WSET宣传所说的：“始于1969年，我们的脚步从未停止。超过70多个国家，19种语言，我们定义了品质、荣誉和成功。一张WEST资格认证让你也可成为品酒专家。经英国政府认可，作为葡萄酒、清酒和烈酒领域的专家，我们成为众多品牌的首选，丰富的知识，精湛的技能，我们为酒类从业者和爱好者打开机遇殿堂的大门。”

目前，WSET设置的葡萄酒认证课程分为四个等级，按难度从低到高依次为一级（WSET Level 1 Award in wines，spirits and sake）、二级（WSET Level 2 Award in wines，spirits and sake）、三级（WSET Level 3 Award in wines，spirits and sake）

和四级（WSET Level 4 Diploma）。

对于普通爱好者，经常浏览葡萄酒知识网站，看看专业公众号的推送，就能获得不少葡萄酒有关知识。但是学习WSET课程的好处在于，它能够将你零零散散接收到的知识系统地架构起来，有利于你在葡萄酒的世界里越走越远，进而深入发掘葡萄酒世界的美妙。

4.1.2 学术派：法国CAFA侍酒师资格认证

法国CAFA葡萄酒学院（CAFA-Formations）成立于1986年，是一所研究葡萄酒及酒精饮料专业品鉴的国际学校。

学院坐落于有着世界葡萄酒之都美誉的波尔多市的沙河桐地区，也是目前法国波尔多地区唯一一所专业侍酒师学院。学院从事专业葡萄酒教育30余年，自CAFA建校以来足迹遍布全球，在保加利亚、俄罗斯、墨西哥、波多黎各、美国等均设有分校区，积累了丰富的教学经验，师资力量强大；并且每年都会邀请法国顶级酒庄合作参与教学工作，酒庄主与学生分享葡萄园经营、葡萄酒生产、葡萄酒品鉴等实际经验。

CAFA入驻亚洲十余年，见证了韩国、日本、印度等国葡萄酒行业发展历程，为亚洲培养了一大批具有专业素养的优秀人才。结合今天中国葡萄酒行业快速发展的现状和中国葡萄酒行业巨大的人才缺口，法国CAFA学院于2009年7月在中国设立分校，校址位于中国的政治经济文化中心——首都北京，并设立办事处开展专业侍酒师及品酒师培训，以及法国游学与留学等工作。

CAFA中国采用法国总校全套原版教材，并结合中国葡萄酒市场行业特点，科学编排教学内容，为中国学员提供纯正的法国葡萄酒教育以及最前沿的中国葡萄酒行业资讯。一流的教师团队，分别来自法国本校的任课教师，法国国家侍酒师及获得国际权威认证的葡萄酒讲师，中国葡萄酒行业专家、酿酒师，葡萄酒杂志专栏记者、撰稿人，高校葡萄酒学科教授等领域，他们拥有丰富的葡萄酒专业知识和授课经验。CAFA依托于与国际接轨的教育模式，全方位深入介绍、探讨从葡萄酒品评到餐酒搭配，从葡萄品种认识到产区实地考察，从不同酿造工艺到酿酒间的实际操作等葡萄酒领域相关专业知识。

CAFA的宗旨是培养中国的专业侍酒师，无论您在哪个领域，国际葡萄酒贸易公司的采购经理、生产总监、销售代表，星级酒店高级主管，葡萄酒进出口公司亚洲或者中国负责人，葡萄酒出口部经理，葡萄酒商贸领域负责人，自由职业葡萄酒顾问，专业葡萄酒评论记者，高级法餐厅主管，专卖店、特色葡萄酒商店经理，葡萄酒高级俱乐部管理人员，葡萄酒贸易负责人，还是致力于葡萄酒行业发展的社会人士，或是其他行业精英人士，CAFA都会有助于您提升自身对葡萄酒的品鉴以及对葡萄酒专业知识的认知。系统的知识体系，让您熟练掌握葡萄酒及侍酒师的发展演变历程；专业的教师团队，让您了解最新行业动态，有利于您对自己在中国的葡萄酒市场做出最恰当的定位。

当然了，除了WSET、CAFA之外，还有不少专业的葡萄酒课程，美国侍酒师公会所的国际侍酒师认证课程（International Sommelier Guild，简称ISG）和欧洲侍酒大师协会（Court of Masters Sommeliers，简称CMS）提供的CMS认证课程等。

4.1.3 自由派：美国RP评分系统

品酒师和侍酒师两大葡萄酒教育系统，都严谨地遵循学术，要求精准的答案。正如葡萄酒的世界丰富多彩一样，葡萄酒教育也百家争鸣。

大家熟悉的1982年拉菲是100分，那么这个评分系统是谁的呢？为何它给1982年拉菲100分而使其风靡全球呢？我们就要了解美国的酒评家罗伯特·帕克了。

这位出生于美国马里兰州巴尔的摩的酒评家，被纽约时报称为世界上最具影响力的红酒评论家。有趣的是，帕克以前不喝葡萄酒，只喝可口可乐。自从交了法国女朋友之后，帕克才开始喝葡萄酒。帕克从1975年开始发布葡萄酒相关文章，更发明了RP评分，以100作为满分，为全世界葡萄酒打分。为此，他收获了大批的追随者。帕克把葡萄酒从高高的神坛带到我们身边。帕克坚信1982年的法国波尔多葡萄酒果香厚重，单宁不强，在橡木桶中的初期阶段充满青春活力。他赌一生的信誉，向公众宣称1982年是20世纪葡萄酒最好的年份之一。许多人开始大力买进1982年的葡萄酒。如大家知道那样，那些投资者们收藏的1982年红酒价格连连翻倍。自此，帕克奠定了他的声望。今天，帕克的名字代表了一种精神，对葡萄酒执着的认真、专业以及公平公正的精神，无人超越。

在帕克的评分系统中，所有葡萄酒50分起分，根据对酒的观、闻、品打不同的分数。其中颜色和外观总分占5分；葡萄酒的香气满分15分，评分内容包括葡萄酒香气集中度、纯净度等；

口感总分为20分，果味集中度、平衡度、复杂度、回味都列入评分范围；最后的10分是综合评价，是对优质葡萄酒的总体评定，主要包括陈年潜质、变化发展的总结评定。根据这四大要素，葡萄酒都会得到一个分数，分数不同代表的质量也不同。

96 ~ 100分：伟大、卓越（extraordinary），一款伟大的葡萄酒尽显其葡萄品种和风土特征，拥有复杂度且别具一格，这种葡萄酒往往值得葡萄酒爱好者收藏。比如1982年份的拉菲，1989年份的红颜容等。这些百分俱乐部等级酒都值得一试，这样您才会理解帕克100分的意义。

90 ~ 95分：好酒（outstanding），一款优秀的葡萄酒，极具个性，风味、香气尤为复杂。总而言之，好酒！

80 ~ 89分：优良（above average），一款优良的葡萄酒能从各个角度展现其细腻之感和迷人的香味，并没有明显的缺陷。

70 ~ 79分：一般（average），一款简单的、有一些瑕疵的葡萄酒，除了酿制工艺完整之外，没有什么明显特色与过人之处。

60 ~ 69分：次等品（below average），被称为次等品的葡萄酒有着明显的缺陷，如酸度或单宁含量过高、风味寡淡，或带有不受人欢迎的异味。

50 ~ 59分：不及格（unacceptable），被称为不及格的葡萄酒无法令人接受。

今天帕克的百分制深入民心，作为一个中立的第三方，给予大众一个非常直观的参考，成为葡萄酒行业的晴雨表，直接决定了一款酒乃至一个酒庄的兴衰。

4.2 格润葡萄酒学院

格润葡萄酒学院是北京唯一一家英国WSET和法国CAFA的双授权机构，隶属于格润万家（北京）教育科技有限责任公司。我们希望国人懂酒、爱酒，通过专业的酒知识学习提升我们个人魅力，彰显我们国际范的形象。

格润的使命：让每一个人正确认识葡萄酒。

格润的愿景：传播葡萄酒的文化，传播生活的艺术，打造最专业的葡萄酒文化传播机构。

格润承诺始终坚持“育人先育己、育己不松懈”的企业精神，与全世界分享酒的美好与艺术，给予从业者和酒文化爱好者最专业的知识与最贴心的服务。

学院采用倒置的酒杯为标志雏形，并且采用绿色为主色调，体现了格润葡萄酒教育打造高端生活品质和绿色健康的生活方式；旁边绿色的水滴象征我们的服务似水般贴心和用心。

格润葡萄酒学院提供清酒、烈酒、葡萄酒和侍酒、调酒服务课程。丰富的知识、精湛的技能，让我们成为众多品牌的首选，为华晨宝马工会策划红酒沙龙，为清华艺术品管理班策划餐酒搭配课程，为东方航空公司客舱部和东华门烤鸭店提供新员工入门培训和侍酒服务培训课程。梦想的风雨路上，格润助您一展抱负！

4.3 测试：您对葡萄酒的了解段位

1.夏布利是哪一种风格的葡萄酒？

a.起泡红葡萄酒　　b.静止白葡萄酒

c.起泡白葡萄酒　　d.静止红葡萄酒

2.波特酒是哪种类型的葡萄酒？

a.起泡白葡萄酒　　b.加强酒

c.静止葡萄酒　　d.起泡红葡萄酒

3.索泰尔讷是哪种风格的葡萄酒？

a.甜　　b.干

c.中度　　d.加强

4.哪种味道可以被描述为经过橡木桶影响而带来的？

a.香草　　b.甜瓜

c.覆盆子　　d.苹果

5.顾客需要白葡萄酒时你会推荐下面哪一款葡萄酒？

a.赤霞珠　　b.黑比诺

c.西拉　　d.霞多丽

6. 葡萄的哪一部分赋予红葡萄酒颜色？

a. 果籽　　b. 果皮

c. 果梗　　d. 果汁

7. 发酵过程中酵母转化

a. 酒精成为二氧化碳　　b. 水成为酒精

c. 糖成为酒精　　d. 酒精成为水

8. 当葡萄成熟时，其糖和酸的水平如何变化？

a. 糖含量降低，酸度升高

b. 糖含量降低，酸度降低

c. 糖含量升高，酸度升高

d. 糖含量升高，酸度降低

9. 一款酸度过高的葡萄酒可以被描述为

a. 甜　　b. 尖酸

c. 柔和　　d. 有橡木味

10. 教皇新堡是一种

a. 轻酒体的静止红葡萄酒

b. 中度酒体的起泡白葡萄酒

c. 饱满酒体的静止红葡萄酒

d. 轻酒体的加强白葡萄酒

11. 品酒的正确顺序是？

a. 看、尝、闻

b. 闻、尝、看

c. 看、闻、尝

d. 闻、看、尝

12. 下列哪一项能最好地描述新西兰长相思的特点？

a. 有香料味、酒体饱满

b. 果味浓郁、酸度高

c. 红葡萄酒、酒体饱满

d. 桃红葡萄酒、清爽

13. 下列哪一项最好地描述了澳大利亚西拉？

a. 酒体轻的红葡萄酒

b. 酒体饱满的白葡萄酒

c. 酒体饱满的红葡萄酒

d. 酒体轻的白葡萄酒

14. 下列哪种果味通常和美乐相关？

a. 李子

b. 苹果

c. 甜瓜

d. 菠萝

15. 来自温暖气候的霞多丽通常具有哪种果味特征？

a. 黑加仑

b. 李子

c. 热带水果

d. 森林水果

16. 下列哪个葡萄品种是红的？

a. 霞多丽

b. 雷司令

c. 黑比诺

d. 长相思

17. 打开起泡酒时总是要求

a. 不要将酒瓶指向屋内任何人

b. 摇晃酒瓶从而使软木塞和瓶颈分离

c. 用开瓶器去除软木塞

d. 确保葡萄酒温度是室温

18. 下列哪一项最好地描述了酒体饱满的红葡萄酒的饮用温度？

a. 室温　　b. 冰镇

c. 凉爽　　d. 冰凉

19. 酒杯的清洁剂残留能让起泡酒更快地失去气泡？

a. 正确

b. 错误

20. 一个标准酒瓶能倒多少个125毫升单位的葡萄酒？

a. 三

b. 四

c. 五

d. 六

21. 下列哪个方法能让葡萄酒保持新鲜更久？

a. 真空系统

b. 冰桶

c. 预调酒

d. 软木塞

22. 打开一瓶静止葡萄酒时首先应该移除

a. 酒标

b. 胶冒

c. 软木塞

d. 葡萄酒液体

23. 博若莱是什么风格的葡萄酒？

a. 轻酒体，清爽，果味丰富的红葡萄酒

b.高酸度，果味丰富的白葡萄酒

c.起泡酒

d.饱满酒体，有橡木味的红葡萄酒

24.下面哪一种葡萄酒需要冰镇？

a.澳大利亚西拉

b.红波尔多

c.教皇新堡

d.卡瓦

25.下列哪一项不符合醉酒的人？

a.他们发生意外事故的风险更高

b.他们的驾驶技术会进步

c.他们被卷入打架的风险更高

d.他们生病的几率会提高

26.当准备侍酒的杯子时你应当

a.倒酒前将杯子加热

b.检查并确认杯子中没有残留

c.用洗涤剂清洗杯子

d.将杯子放入冰箱降低温度

27.鲜味较浓的食物会让红葡萄酒

a.苦味减少，果味更丰富

b. 苦味减少，果味减少

c. 更苦，果味更丰富

d. 更苦，果味减少

28. 甜的食品会让干型葡萄酒显得

a. 更酸，果味减少

b. 更酸，果味更丰富

c. 酸度降低，果味减少

d. 酸度降低，果味更丰富

29. 食物中的咸味会让葡萄酒显得

a. 更苦，酸度降低

b. 更苦，更酸

c. 苦味减少，酸度降低

d. 苦味减少，更酸

30. 频繁的过度饮酒会导致

a. 驾驶技术提高

b. 患癌症几率降低

c. 肝损害的风险提高

d. 家庭/情侣关系出现问题的几率降低

微信搜索“格润葡萄酒讲堂”，关注并回复“我的品酒师等级”，获取正确答案。

正确01 ～ 18道：葡萄酒知识的海洋很大，您还是需要多多学习，建议可以看一些葡萄酒的网站和书籍。您可以报考WSET初级品酒师课程或者CAFA初级侍酒师课程。

正确18 ～ 21道：知识海洋很大很辽阔，恭喜您大概具有葡萄酒初级品酒师水平，可以通过网页和书籍进行深入学习。您可以报考WSET二级品酒师课程或者CAFA中级侍酒师课程。

正确22 ～ 30道：您已充分了解葡萄酒初级知识，知识海洋很大，要坚持不懈哦！并且您表现很优异，可见您对葡萄酒很有天赋哦。您可以报考WSET二级品酒师课程或者CAFA中级侍酒师课程。

致 谢

书籍的最后，我要感谢您的阅读。

一段段的故事，无不诉说着葡萄酒带给我们的美好和希望。

记得很多年前姐姐说："每一个人来到这个世界上都有一个天职，一个属于自己而且能让自己快乐的工作。"我想我找到了，在葡萄酒的世界里，我愿意化身一颗葡萄，经历四季，经历洗礼，成为最好的自己！

举起手中的酒杯，敬每一个人，愿这红色的精灵能让您找到最好的自己！

Cheers！

李佳2019年1月9日于北京